by Adrian Harrison

INTRODUCTION TO RATIONAL NUMBERS

January 2020

Copyright © 2020

All rights reserved. No part of this publication may be reproduced, distributed, or transmitted in any form or by any means, including photocopying, recording, or other electronic or mechanical methods, without the prior written permission of the publisher, except in the case of brief quotations embodied in critical reviews and certain other noncommercial uses permitted by copyright law. For permission requests, write to the publisher using address below.

delightfulbook@gmail.com

© 2020

Contents

RATIONAL NUMBERS 1
DECIMAL NUMBERS 4
REOCCURING DECIMALS 5
TEST WITH SOLUTIONS 7
QUESTIONS 20

RATIONAL NUMBERS

$Q = \{\frac{a}{b}, a,b \in z, b \neq 0\}$

(PROPERTIES)

1. $Q = \{\frac{a}{b}, a,b \in z, b \neq 0\}$

2. $\frac{a}{-b} = \frac{-a}{b} = \frac{-a}{b}$

3. $a \neq 0, \frac{0}{a} = 0$

4. $\frac{a}{b} \pm \frac{c}{b} = \frac{a \pm c}{b}$

5. $\frac{a}{b} \pm \frac{c}{d} = \frac{ad \pm bc}{bd}$

(Example):

a. $\frac{2}{7} + \frac{3}{7} = \frac{2+3}{7} = \frac{5}{7}$

b. $\frac{3}{11} - \frac{5}{11} = \frac{3-5}{11} = \frac{-2}{11}$

c. $\frac{9}{8} + \frac{2}{7} = \frac{9.7 + 8.2}{8.7} = \frac{63 + 16}{56} = \frac{79}{56}$

d. $\frac{3}{5} - \frac{1}{12} = \frac{3.12 - 1.5}{5.12} = \frac{36 - 5}{60} = \frac{31}{60}$

e.
$$\frac{19}{24}-\frac{13}{30}=\frac{19}{24}-\frac{13}{30}=\frac{95}{120}-\frac{52}{120}=\frac{43}{120}$$
$$\phantom{\frac{19}{24}-\frac{13}{30}=}(5)\ (4)$$

f.
$$(\frac{1}{2}-\frac{1}{3})+1\frac{1}{3}=\frac{3-2}{2.3}=\frac{4}{3}$$

$$=\frac{1}{6}+\frac{4}{3}$$

$$=\frac{1.3+6.4}{6.3}$$

$$=\frac{27}{18}=\frac{3}{2}$$

g.
$$\left(2\frac{1}{2}-3\frac{1}{2}\right)-\left(2\frac{1}{3}-4\frac{1}{3}\right)=\left(\frac{5}{2}-\frac{7}{2}\right)-\left(\frac{7}{3}-\frac{13}{3}\right)$$

$$=-\frac{2}{2}-\left(-\frac{6}{3}\right)$$

$$=-1+2=1$$

6. $\dfrac{a}{b}\cdot\dfrac{c}{d}=\dfrac{a.c}{b.d}$

7. $\dfrac{\dfrac{a}{b}}{c}=\dfrac{a.c}{b}$

8. $\dfrac{\frac{a}{b}}{c} = \dfrac{a}{b.c}$

9. $\dfrac{\frac{a}{b}}{\frac{c}{d}} = \dfrac{a.d}{b.c}$

10. $a^{-1} = \dfrac{1}{a}$

11. $\left(\dfrac{a}{b}\right)^{-1} = \dfrac{b}{a}, \qquad \left(\dfrac{a}{b}\right)^{-n} = \left(\dfrac{b}{a}\right)^{n}$

(Examples):

a. $\dfrac{2}{3}.\dfrac{4}{5} = \dfrac{2.4}{3.5} = \dfrac{8}{15}$

b. $3\dfrac{1}{2}.2\dfrac{1}{5} = \dfrac{7}{2}.\dfrac{11}{5} = \dfrac{7.11}{2.5} = \dfrac{77}{10}$

c. $3.\dfrac{7}{5} = \dfrac{3.7}{5} = \dfrac{21}{5}$

d. $\dfrac{3}{5} \div \dfrac{2}{7} = \dfrac{3}{5}.\dfrac{7}{2} = \dfrac{3.7}{5.2} = \dfrac{21}{10}$

e. $\dfrac{\frac{3}{5}}{2} = 3.\dfrac{2}{5} = \dfrac{3.2}{5} = \dfrac{6}{5}$

f. $\dfrac{\frac{1}{4}}{5} = \dfrac{1}{4}.\dfrac{1}{5} = \dfrac{1}{20}$

g. $\dfrac{\frac{3}{2}}{\frac{2}{5}} - \dfrac{3}{5} = 3.\dfrac{\frac{3}{2}}{}\dfrac{5}{2} - \dfrac{3}{2}.\dfrac{1}{5} \underset{(5)}{=} \dfrac{15}{2} - \dfrac{3}{10}$

$= \dfrac{75}{10} - \dfrac{3}{10} = \dfrac{72}{10} = \dfrac{36}{5}$

h. $2\dfrac{1}{3}.5\dfrac{2}{3} + 4 = \dfrac{7}{3}.\dfrac{17}{3} + 4 = \dfrac{119}{9} + 4 = \dfrac{119 + 36}{9}$

$= \dfrac{156}{9}$

DECIMAL NUMBERS

(For Example): $\dfrac{7}{10}, \dfrac{9}{10^2}, -\dfrac{2}{10^5}, -\dfrac{11}{10^3}, \ldots\ldots$

(are decimal numbers)

$\dfrac{7}{10} = 0.7$

$\dfrac{9}{10^2} = \dfrac{9}{100} = 0.09$

$\dfrac{-2}{10^5} = -\dfrac{2}{100000} = -0.0002$

$\dfrac{-11}{10^3} = -\dfrac{11}{1000} = 0.011$

$\dfrac{1}{10^n} = 0.000\ldots\ldots 01$

(Example):

a. $\dfrac{0.021}{0.03} + \dfrac{0.5}{5} = \dfrac{21}{30} + \dfrac{1}{10} = \dfrac{7}{10} + \dfrac{1}{10} = \dfrac{8}{10} = 0.8$
   $\quad (1000)\ (10)$

b. $\dfrac{0.02 - (0.29 + 0.03)}{0.001} = \dfrac{0.02 - 0.32}{0.001} = \dfrac{-0.30}{0.001} = \dfrac{-300}{1} = -300$
   $\qquad\qquad\qquad\qquad\qquad\qquad\qquad (1000)$

c. $\dfrac{5}{0.0002} : \dfrac{0.012}{0.03} = \dfrac{5}{0.0002} \cdot \dfrac{0.03}{0.012}$
   $\qquad\qquad\qquad\quad (10000)\ (1000)$

$= \dfrac{50000}{2} \cdot \dfrac{30}{12}$

$= 25000 \cdot \dfrac{5}{2}$

=62500

REOCCURING DECIMALS

$$ab,cd\overline{efg} = ab + \frac{cdefg - cd}{99900}$$

(Example):

$35,244\ldots = 35,2\overline{4}$

$1,555\ldots = 1,\overline{5}$

$2,15666\ldots = 2,15\overline{6}$

$11,5626262\ldots = 11,5\overline{62}$

$3,123123\ldots = 3,\overline{123}$

(Example):

a. $0,\overline{7} = \dfrac{7-0}{9} = \dfrac{7}{9}$

b. $4,\overline{1} = \dfrac{41-4}{9} = \dfrac{37}{9}$

c. $12,\overline{3} = \dfrac{123-12}{9} = \dfrac{111}{9} = \dfrac{37}{3}$

d. $0,1\overline{5} = \dfrac{15-1}{90} = \dfrac{14}{90} = \dfrac{7}{45}$

e. $5,1\overline{8} = \dfrac{518-51}{90} = \dfrac{467}{90}$

f. $32{,}1\overline{54} = \dfrac{32154 - 321}{990} = \dfrac{31833}{990} = \dfrac{3537}{110}$

g. $2{,}32\overline{5} = \dfrac{2325 - 232}{900} = \dfrac{2093}{900}$

h. $6{,}\overline{234} = \dfrac{6234 - 6}{999} = \dfrac{6228}{999} = \dfrac{692}{111}$

(Example):

$\dfrac{0.2\overline{1} + 0.1\overline{2}}{0.2\overline{1} - 0.1\overline{6}} = ?$

A) 5.5   B) 6   C) 6.5   D) 7   E) 7.5

(Solution)

$$\dfrac{0.2\overline{1} + 0.1\overline{2}}{0.2\overline{1} - 0.1\overline{6}} = \dfrac{\dfrac{21-2}{90} + \dfrac{12-1}{90}}{\dfrac{21-2}{90} - \dfrac{16-1}{90}}$$

$$= \dfrac{\dfrac{19 + 11}{90}}{\dfrac{19 - 15}{90}}$$

$$= \dfrac{30}{90} \cdot \dfrac{90}{4} = \dfrac{30}{4} = \dfrac{15}{2} = 7.5$$

TEST WITH SOLUTIONS

1. $\dfrac{\left(8-\dfrac{1}{3}\right)+\left(\dfrac{1}{3}+4\right)}{\left(7+\dfrac{5}{6}\right)+\left(6+\dfrac{1}{6}\right)} = ?$

A) $\dfrac{7}{5}$ B) $\dfrac{6}{7}$ C) $\dfrac{5}{8}$ D) $\dfrac{8}{5}$
E) -1

(Solution):

$\dfrac{\left(8-\dfrac{1}{3}\right)+\left(\dfrac{1}{3}+4\right)}{\left(7+\dfrac{5}{6}\right)+\left(6+\dfrac{1}{6}\right)} = \dfrac{\dfrac{24-1}{3}+\dfrac{1+12}{3}}{\dfrac{42+5}{6}+\dfrac{36+1}{6}}$

$= \dfrac{\dfrac{23+13}{3}}{\dfrac{47+37}{6}}$

$= \dfrac{\dfrac{36}{3}}{\dfrac{84}{6}} = \dfrac{12}{14} = \dfrac{6}{7}$

2. $\dfrac{6}{7}\left[\dfrac{1}{3}-\left(\dfrac{1}{2}-\left(\dfrac{1}{4}+\dfrac{1}{2}\right)\right)\right] = ?$

A) $\dfrac{1}{2}$ B) $\dfrac{1}{7}$ C) $\dfrac{1}{12}$ D) $\dfrac{7}{12}$ E) $\dfrac{2}{7}$

(Solution):

$$\dfrac{6}{7}\left[\dfrac{1}{3}-\left(\dfrac{1}{2}-\left(\dfrac{1}{4}+\dfrac{1}{2}\right)\right)\right] = \dfrac{6}{7}\left[\dfrac{1}{3}-\left(\dfrac{1}{2}-\left(\dfrac{1+2}{4}\right)\right)\right]$$

$$= \dfrac{6}{7}\left[\dfrac{1}{3}-\left[\dfrac{1}{2}-\dfrac{3}{4}\right]\right]$$

$$\dfrac{6}{7}\left[\dfrac{1}{3}-\left(\dfrac{2-3}{4}\right)\right]$$

$$\dfrac{6}{7}\cdot\left[\dfrac{1}{3}+\dfrac{1}{4}\right]$$

$$\dfrac{6}{7}\cdot\dfrac{4+3}{12} = \dfrac{6}{7}\cdot\dfrac{7}{12} = \dfrac{1}{2}$$

$$3+\dfrac{1}{2+\dfrac{3}{2}} = ?$$

3.0,

A) $\dfrac{13}{21}$ B) $\dfrac{3}{7}$ C) $\dfrac{11}{21}$ D) $\dfrac{3}{4}$

E) $\dfrac{8}{23}$

(Solution):

$$3+\dfrac{1}{2+\dfrac{3}{2}} = \dfrac{3}{9}+\dfrac{1}{2+\dfrac{3}{2}} = \dfrac{1}{3}+\dfrac{2}{7} = \dfrac{13}{21}$$

0,

4. $$\cfrac{1}{1+\cfrac{1}{1-\cfrac{1}{2}}} = ?$$

A) $\dfrac{3}{4}$ B) $\dfrac{4}{3}$ C) $\dfrac{1}{3}$ D) 1

E) 3

(Solution):

$$\cfrac{1}{1+\cfrac{1}{1-\cfrac{1}{2}}} = \cfrac{1}{1+\cfrac{1}{\frac{1}{2}}} = \frac{1}{1+2} = \frac{1}{3}$$

5. $$\left[\frac{5}{2} - \cfrac{1}{1-\cfrac{1}{2}}\right] : \left[\frac{1}{2} - \cfrac{\frac{1}{2}}{1+\frac{1}{2}}\right] = ?$$

A) 1   B) $\dfrac{3}{2}$ C) 2   D) 3

E) $\dfrac{9}{2}$

(Solution):

$$\left[\frac{5}{2} - \frac{1}{1-\frac{1}{2}}\right] : \left[\frac{1}{2} - \frac{\frac{1}{2}}{1+\frac{1}{2}}\right] = \left[\frac{5}{2} - 2\right] : \left[\frac{1}{2} - \frac{\frac{1}{2}}{\frac{3}{2}}\right]$$

$$= \left(\frac{5}{2} - 2\right) : \left(\frac{1}{2} - \frac{1}{3}\right)$$

$$= \frac{1}{2} : \frac{1}{6} = \frac{1}{2} \cdot 6 = 3$$

6. $\dfrac{1+a}{1-\dfrac{1-a}{1-\dfrac{1}{a}}} = ?$

A) -a   B) -1   C) 0   D) 1   E) a

(Solution):

$$\frac{1+a}{1-\dfrac{1-a}{1-\dfrac{1}{a}}} = \frac{1+a}{1-\dfrac{1-a}{\dfrac{a-1}{a}}} = \frac{1+a}{1-\dfrac{a(1-a)}{a-1}}$$

$$= \frac{1+a}{\dfrac{-(1-a).(a+1)}{a-1}}$$

$$= \frac{1+a}{1+a} = 1$$

7. $\dfrac{15}{0.\overline{15}} - \dfrac{1}{0.\overline{1}} = ?$

A)24 B)30 C)60 D)90 E)96

(Solution):

$$\frac{15}{0.\overline{15}} - \frac{1}{0.\overline{1}} = \frac{15}{\frac{15}{99}} - \frac{1}{\frac{1}{9}} = 99 - 9 = 90$$

8. $\dfrac{1}{m-2} - \dfrac{1}{m+2} = 1 \Rightarrow (m^2+1)^2 = ?$

A)25 B)36 C)49 D)64 E)81

(Solution):

$$\frac{1}{m-2} - \frac{1}{m+2} = 1$$

$$\frac{m+2-(m-2)}{m^2-4} = 1$$

$$\frac{4}{m^2-4} = 1 \Rightarrow$$

14

$m^2 - 4 = 4 \Rightarrow m^2 = 8$

$(m^2 + 1)^2 = (8 + 1)^2 = 9^2 = 81$

9. $\dfrac{1}{0.001} + \dfrac{2}{0.02} + \dfrac{0}{0.3} = ?$

A)111 B)123 C)1110 D)1111
E)1230

(Solution):

$\dfrac{1}{0.001} + \dfrac{2}{0.02} + \dfrac{3}{0.3} = \dfrac{1}{\frac{1}{1000}} + \dfrac{2}{\frac{2}{100}} + \dfrac{3}{\frac{3}{10}}$

$= 1000 + 100 + 10$

$= 1110$

10. $2 + \cfrac{x}{2 + \cfrac{x}{2 + \cfrac{x}{\ldots}}} = 3 \Rightarrow x = ?$

A)1 B)2 C)3 D)4 E)5

(Solution):

$$\frac{x}{2+3}=3 \Rightarrow \frac{6+x}{3}=3$$

6+x=9

X=3

11. $\frac{0.3}{x}=\frac{0.9}{0.03} \Rightarrow x=?$

A) 0.01   B) 0.1   C) 1   D) 1.1   E) 10

(Solution):

$$\frac{\frac{3}{10}}{x}=\frac{\frac{9}{10}}{\frac{3}{10}} \Rightarrow \frac{3}{10}\cdot\frac{1}{x}=\frac{9}{10}\cdot\frac{100}{3} \Rightarrow \frac{1}{10.x}=10$$

$$\Rightarrow x=\frac{1}{100}=0.01$$

12. $\dfrac{\frac{1}{2!}+\frac{1}{3!}-\frac{1}{4!}}{\frac{1}{2!}-\frac{1}{3!}+\frac{1}{4!}} : \dfrac{3!+4!}{5!-4!}=?$

A) $\dfrac{16}{3}$ B) $\dfrac{3}{16}$ C) $\dfrac{1}{2}$ D) $\dfrac{5}{3}$

E) $\dfrac{3}{5}$

(Solution):

$$\dfrac{\dfrac{1}{2.1}+\dfrac{1}{3.2.1}-\dfrac{1}{4.3.2.1}}{\dfrac{1}{2.1}-\dfrac{1}{3.2.1}+\dfrac{1}{4.3.2.1}} : \dfrac{3.2.1+4.3.2.1}{5.4.33.2.1}$$

$$= \dfrac{\dfrac{1}{2}+\dfrac{1}{6}-\dfrac{1}{24}}{\dfrac{1}{2}-\dfrac{1}{6}+\dfrac{1}{24}} : \dfrac{6+24}{120-24} = \dfrac{\dfrac{15}{24}}{\dfrac{9}{24}} : \dfrac{30}{96}$$

$$= \dfrac{5}{3} \cdot \dfrac{16}{5} = \dfrac{16}{3}$$

13. $\left(\dfrac{3}{5}-\dfrac{2}{5}\cdot 0.05\right) : 0.29 = ?$

A) $\dfrac{1}{4}$ B) 2 C) 4 D) 1 E) $\dfrac{1}{145}$

(Solution):

$$\left(\frac{3}{5}-\frac{2}{5}\cdot 0.05\right):0.29 = \left(\frac{3}{5}-\frac{2}{5}\cdot\frac{5}{100}\right):\frac{29}{100}$$

$$= \left(\frac{3}{5}-\frac{2}{100}\right):\frac{29}{100}$$

$$= \frac{60-2}{100}:\frac{29}{100}$$

$$= \frac{58}{100}\cdot\frac{100}{29} = 2$$

14. $\dfrac{3x-6}{3} - \dfrac{2x+4}{2} = ?$

A)2 B)x C)x-2 D)4 E)-4

(Solution):

$$\frac{3x-6}{3} - \frac{2x+4}{2} = \frac{2(3x-6)-3(2x+4)}{6}$$

$$= \frac{6x-12-6x-12}{6} = \frac{-24}{6} = -4$$

15. (2.397+0.3.0.01):0.001-400=?

A)2000 B)2380 C)2390 D)2397 E)2400

(Solution):

(2.397+0.3.0.01):0.001-400

=(2.397+0.003):0.001-400

=2.4:0.001-400=2400-400

=2000

16. $\dfrac{\dfrac{1}{5}:\left(\dfrac{1}{10}-\dfrac{1}{5}\right)}{\dfrac{2}{5}:(0.2-0.4)}=?$

A)-5 B)$\dfrac{1}{2}$ C)1 D)2
E)5

(Solution):

$$\dfrac{\dfrac{1}{5}:\left(\dfrac{1}{10}-\dfrac{1}{5}\right)}{\dfrac{2}{5}:(0.2-0.4)}=\dfrac{\dfrac{1}{5}:\left(-\dfrac{1}{10}\right)}{\dfrac{2}{5}:\left(\dfrac{2}{10}\right)}=\dfrac{-2}{-2}=1$$

17. $\dfrac{\dfrac{4}{0.3}}{2}-\dfrac{1}{1-\dfrac{5}{6}}=?$

A) $\dfrac{2}{3}$ B) $\dfrac{4}{3}$ C) $\dfrac{5}{6}$ D) $\dfrac{1}{2}$
E) $\dfrac{1}{6}$

(Solution):

$$\dfrac{\dfrac{4}{0.3}}{2} - \dfrac{1}{1-\dfrac{5}{6}} = \dfrac{\dfrac{4}{3}}{\dfrac{10}{2}} - \dfrac{1}{\dfrac{1}{6}}$$

$$= \dfrac{40}{6} - 6 = \dfrac{40-36}{6} = \dfrac{4}{6} = \dfrac{2}{3}$$

18. $(a-1) : \left(a - \dfrac{2a-1}{a} \right) = ?$

A) $a-1$ B) $\dfrac{a+1}{a}$ C) $\dfrac{1}{a-1}$ D) $\dfrac{a}{a-1}$
E) $\dfrac{a-1}{a}$

(Solution):

$$(a-1) : \left(a - \dfrac{2a-1}{a} \right) = (a-1) : \left(\dfrac{a^2 - 2a + 1}{a} \right)$$

$$= (a-1) \cdot \dfrac{a}{(a-1)^2}$$

$$= \dfrac{a}{a-1}$$

19. $\dfrac{2a-1}{a-\dfrac{1}{2}} = ?$

A) 4 B) 2 C) a D) $\dfrac{1}{2}$ D) a-1

(Solution):

$$\dfrac{2a-1}{a-\dfrac{1}{2}} = \dfrac{2a-1}{\dfrac{2a-1}{2}} = (2a-1)\cdot\dfrac{2}{2a-1} = 2$$

20. $\dfrac{1.\overline{1}}{1.1} + \dfrac{0.1}{0.\overline{1}} = ?$

A) $\dfrac{1891}{990}$ B) $\dfrac{1741}{900}$ C) $\dfrac{1891}{999}$ D) $\dfrac{2001}{900}$

E) $\dfrac{2111}{999}$

(Solution):

$$\dfrac{1.\overline{1}}{1.1} + \dfrac{0.1}{0.\overline{1}} = \dfrac{1\dfrac{1}{9}}{1\dfrac{1}{10}} + \dfrac{\dfrac{1}{10}}{\dfrac{1}{9}}$$

$$= \frac{\frac{10}{9}}{\frac{11}{10}} + \frac{9}{10} = \frac{100}{99} + \frac{9}{10} = \frac{1000+891}{990} = \frac{1891}{990}$$

21. $a = \frac{-2}{0.02}$, $b = \frac{-2}{0.04}$, $c = \frac{-2}{0.08} \Rightarrow ? < ? < ?$

A) c<b<a   B) b<c<a   C) a<b<c   D) b<a<c
E) c<a<b

(Solution):

$$a = -\frac{2}{0.02} = -\frac{2}{\frac{2}{100}} = -100$$
$$b = -\frac{2}{0.04} = -\frac{2}{\frac{4}{100}} = -50$$
$$c = -\frac{2}{0.08} = -\frac{2}{\frac{8}{100}} = -25$$

$\Rightarrow a < b < c$

22. $\frac{3}{5} - \frac{3}{5} \cdot \left(\frac{1}{3} - \frac{1}{3} : \frac{1}{9}\right) = ?$

A) 5   B) $\frac{11}{5}$ C) $\frac{13}{5}$ D) 0   E) $-\frac{1}{5}$

(Solution):

$$\frac{3}{5} - \frac{3}{5} \cdot \left(\frac{1}{3} - \frac{1}{3} : \frac{1}{9}\right) = \frac{3}{5} - \frac{3}{5}\left(-\frac{8}{3}\right)$$

$$= \frac{3}{5} + \frac{8}{5} = \frac{11}{5}$$

23. $1 + \cfrac{1}{1 + \cfrac{1}{1 + \cfrac{1}{1 + \cfrac{1}{3}}}} = ?$

A) $\dfrac{17}{3}$ B) $\dfrac{18}{11}$ C) $\dfrac{11}{8}$ D) $\dfrac{11}{7}$

E) $\dfrac{7}{11}$

(Solution):

$$1 + \cfrac{1}{1 + \cfrac{1}{1 + \cfrac{1}{1 + \cfrac{1}{3}}}} = 1 + \cfrac{1}{1 + \cfrac{1}{1 + \cfrac{1}{\frac{4}{3}}}} = 1 + \cfrac{1}{1 + \cfrac{1}{1 + \frac{3}{4}}}$$

$$= 1 + \cfrac{1}{1 + \cfrac{1}{\frac{7}{4}}} = 1 + \cfrac{1}{1 + \frac{4}{7}} = 1 + \cfrac{1}{\frac{11}{7}} = 1 + \frac{7}{11} = \frac{18}{11}$$

24. $\cfrac{\frac{x}{3}}{2} + \cfrac{x}{\frac{3}{2}} = 1 \Rightarrow x = ?$

A)$\frac{5}{6}$ B)$\frac{6}{5}$ C)$\frac{2}{3}$ D)$\frac{3}{2}$
E)-1

(Solution):

$$\cfrac{\frac{x}{3}}{2} + \cfrac{x}{\frac{3}{2}} = \frac{x}{6} + \frac{2x}{3} = 1$$

$$\frac{x + 4x}{6} = 1 \Rightarrow 5x = 6 \Rightarrow x = \frac{6}{5}$$

25. $\left(1 + \frac{1}{2}\right)\cdot\left(1 - \frac{1}{3}\right)\cdot\left(1 + \frac{1}{4}\right)\cdot\left(1 - \frac{1}{5}\right)\ldots\ldots\left(1 - \frac{1}{49}\right) = ?$

A)$\frac{48}{49}$ B)1 C)$\frac{72}{49}$ D)$\frac{3}{2}$ E)2

(Solution):

$$\left(1+\frac{1}{2}\right)\cdot\left(1-\frac{1}{3}\right)\cdot\left(1+\frac{1}{4}\right)\cdot\left(1-\frac{1}{5}\right)\cdot\left(1-\frac{1}{49}\right)$$

$$=\frac{3}{2}\cdot\frac{2}{3}\cdot\frac{5}{4}\cdot\ldots\cdot\frac{49}{48}\cdot\frac{48}{49}=1$$

26. $\dfrac{x}{2}+\dfrac{x+1}{3}=\dfrac{7}{6} \Rightarrow x=?$

A)-1   B)0   C)1   D)2   E)3

(Solution):

$$\frac{3x}{6}+\frac{2x+2}{6}=\frac{7}{6}$$

$5x+2=7$

X=1

27. $\dfrac{2.7}{0.09}+\dfrac{0.35}{0.07}-\dfrac{4}{0.4}=?$

A)25   B)30   C)35   D)40   E)45

(Solution):

$$\frac{2.7}{0.09} + \frac{0.35}{0.07} - \frac{4}{0.4} = \frac{270}{9} + \frac{35}{7} - \frac{40}{4}$$
$$(100)(100)(10)$$

$$= 30 + 5 - 10$$

$$= 25$$

28. $\dfrac{\left(\dfrac{1}{2}-5\right)+\left(\dfrac{1}{3}-3\right)}{\left(2-\dfrac{5}{6}\right)\cdot\left(\dfrac{3}{2}-3\right)} = ?$

A) $\dfrac{43}{10}$ B) $\dfrac{86}{21}$ C) $\dfrac{43}{11}$ D) $\dfrac{86}{23}$ E) $\dfrac{43}{12}$

(Solution):

$$\frac{\left(\dfrac{1}{2}-5\right)+\left(\dfrac{1}{3}-3\right)}{\left(2-\dfrac{5}{6}\right)\cdot\left(\dfrac{3}{2}-3\right)} = \frac{\dfrac{1-10}{2}+\dfrac{1-9}{3}}{\dfrac{12-5}{6}\cdot\dfrac{3-6}{2}}$$

$$= \frac{-\dfrac{9}{2}-\dfrac{8}{3}}{\dfrac{7}{6}\cdot\left(-\dfrac{3}{2}\right)}$$

$$= \frac{-27-16}{6} \cdot \left(-\frac{12}{21}\right)$$

$$-\frac{43}{6} \cdot \left(-\frac{12}{21}\right)$$

$$= \frac{43}{6} \cdot \frac{12}{21}$$

$$\frac{86}{21}$$

QUESTIONS

1. $\dfrac{\frac{a}{b} - \frac{a}{b}}{\frac{a}{b}} = ?$

A) $\dfrac{a-1}{b}$ B) $\dfrac{1-a}{b}$ C) $a-1$ D) $\dfrac{1-a^2}{b}$

E) $\dfrac{a^2-1}{b}$

(Solution):

$\dfrac{\frac{a}{b} - \frac{a}{b}}{\frac{a}{b}} = \dfrac{a}{ab} - \dfrac{a^2}{b} = \dfrac{1-a^2}{b}$

2. $x>0$

$\dfrac{\frac{1}{x}}{3} + \dfrac{\frac{1}{3}}{x} = \dfrac{x}{6} \Rightarrow x = ?$

A) 1 B) 2 C) 3 D) 4

E) 6

(Solution):

$$\frac{1}{3x} + \frac{1}{3x} = \frac{x}{6}$$

$$\frac{2}{3x} = \frac{x}{6} \Rightarrow 3x^2 = 12$$

$$x^2 = 4$$

$$x = \pm 2$$

$$x = 2$$

3. $\dfrac{x}{2} - \dfrac{x-1}{4} = 1 \Rightarrow x = ?$

A)1 B)2 C)3 D)4 E)6

(Solution):

$$\frac{2x - (x-1)}{4} = 1$$

$$2x - x + 1 = 4 \Rightarrow x = 3$$

4. $\dfrac{x}{4} - \dfrac{1}{x-1} = 1 \Rightarrow x = ?$

A)3 B)2 C)1 D)-1 E)-2

(Solution):

$$\frac{4}{x} - \frac{1}{x-1} = 1$$

$$\frac{4(x-1)-x}{x^2-x} = 1 \Rightarrow 3x - 4 = x^2 - x$$

$$x^2 - 4x + 4 = 0$$

$$(x-2)^2 = 0$$

$$x = 2$$

5. $\dfrac{a+1}{a} = x$

$\dfrac{b-1}{b} = y \Rightarrow \dfrac{1}{a} + \dfrac{1}{b} = ?$

A) $\dfrac{x}{y}$ B) $\dfrac{y}{x}$ C) x-y D) y-x
E) x+y

(Solution):

$\dfrac{a+1}{a} = 1 + \dfrac{1}{a} = x \Rightarrow \dfrac{1}{a} = x - 1$

$\dfrac{b-1}{b} = 1 - \dfrac{1}{b} = y \Rightarrow \dfrac{1}{b} = 1 - y$

$\Rightarrow \dfrac{1}{a} + \dfrac{1}{b} = x - 1 + 1 - y = x - y$

6. 0<x

$$\frac{\frac{2}{x}}{3} - \frac{\frac{3}{2}}{x} = 0 \Rightarrow x = ?$$

A) $\frac{3}{2}$ B) $\frac{1}{2}$ C) $\frac{2}{3}$ D) $\frac{1}{3}$
E) 1

(Solution):

$$\frac{2}{3x} = \frac{3x}{2} \Rightarrow 9x^2 = 4 \Rightarrow x = \frac{2}{3}$$

7. $\dfrac{3^{-1}+3}{2^{-1}+2} = ?$

A) $\frac{1}{3}$ B) $\frac{2}{3}$ C) $\frac{4}{3}$ D) 1
E) 3

(Solution):

$$\frac{3^{-1}+3}{2^{-1}+2} = \frac{\frac{1}{3}+3}{\frac{1}{2}+2} = \frac{\frac{10}{3}}{\frac{5}{2}} = \frac{20}{15} = \frac{4}{3}$$

8. $\left[\dfrac{a}{b} - \left(2 - \dfrac{b}{a}\right)\right] : \dfrac{a-b}{ab} = ?$

A) -ab B) 2ab C) a+b D) b-a
E) a-b

(Solution):

$\left[\dfrac{a}{b} - \left(2 - \dfrac{b}{a}\right)\right] : \dfrac{a-b}{ab} = \left[\dfrac{a}{b} - \dfrac{2a-b}{a}\right] \cdot \dfrac{ab}{a-b}$

$= \dfrac{a^2 - 2ab + b^2}{ab} \cdot \dfrac{ab}{a-b}$

$= \dfrac{(a-b)^2}{a-b}$

$= a - b$

9. $\dfrac{\left(\dfrac{1}{3} - 2\right) + \left(\dfrac{1}{2} - 3\right)}{\left(2 - \dfrac{3}{4}\right) \cdot \left(\dfrac{3}{2} - 4\right)} = ?$

A) $-\dfrac{6}{5}$ B) $-\dfrac{4}{3}$ C) 1 D) 3
E) $\dfrac{6}{5}$

(Solution):

$$\frac{\left(\frac{1}{3}-2\right)+\left(\frac{1}{2}-3\right)}{\left(2-\frac{3}{4}\right)\cdot\left(\frac{3}{2}-4\right)} = \frac{-\frac{5}{3}-\frac{5}{2}}{\frac{5}{4}\cdot\left(-\frac{5}{2}\right)} = \frac{-\frac{25}{6}}{-\frac{25}{8}}$$

$$= \frac{25}{6}\cdot\frac{8}{25} = \frac{8}{6} = \frac{4}{3}$$

10. $\left[\dfrac{2}{\frac{2}{3}-1}\right]\cdot\left[\dfrac{\frac{2}{3}+1}{2}\right] = ?$

A) $-\dfrac{1}{30}$ B) $-\dfrac{5}{6}$ C) $-\dfrac{1}{5}$ D) $-\dfrac{1}{6}$ E) -5

(Solution):

$$\frac{2}{-\frac{1}{3}}\cdot\frac{\frac{5}{3}}{2} = (-6)\cdot\frac{5}{6} = -5$$

11. $a \cdot b = \dfrac{12}{35}$
$b \cdot c = \dfrac{28}{45}$ $\Rightarrow |a| = ?$
$a \cdot c = \dfrac{1}{3}$

A) $\dfrac{7}{9}$ B) $\dfrac{3}{5}$ C) $\dfrac{5}{4}$ D) $\dfrac{1}{7}$

E) $\dfrac{3}{7}$

(Solution):

$(a.b.b.c.a.c) = \dfrac{12}{35} \cdot \dfrac{28}{45} \cdot \dfrac{1}{3}$

$(a.b.c)^2 = \dfrac{4}{5} \cdot \dfrac{4}{15} \cdot \dfrac{1}{3}$

$(a.b.c) = \pm \dfrac{4}{15}$

$\dfrac{a.b.c}{b.c} = \pm \dfrac{4}{15} : \dfrac{28}{45}$

$a = \pm \dfrac{1}{1} \cdot \dfrac{3}{7}$

$a = \pm \dfrac{3}{7}$, $|a| = \dfrac{3}{7}$

34

1. $\dfrac{1+\dfrac{1}{3}}{1-\dfrac{1}{5}} : \dfrac{1-\dfrac{1}{3}}{1+\dfrac{1}{5}} = ?$

A)1 B)2 C)-3 D)3 E)5

2. $\left(\dfrac{\dfrac{1}{3}}{4} - \dfrac{\dfrac{2}{3}}{\dfrac{3}{4}}\right) : (12)^{-1} = ?$

A)0 B)2 C)-21 D)-31
E)26

3. $\left[\dfrac{1}{2}\left(2-\dfrac{1}{3}\right) - \dfrac{1}{5}\left(1+\dfrac{1}{4}\right)\right] : \dfrac{1}{3} = ?$

A)2 B)$\dfrac{5}{2}$ C)$\dfrac{6}{7}$ D)$\dfrac{7}{4}$ E)$\dfrac{8}{5}$

4. $\left(\left(1-\dfrac{1}{7}\right)\cdot\dfrac{6}{7}\right) : \left(1-\dfrac{3}{10}\right) = ?$

A) $\dfrac{-7}{6}$ B) $\dfrac{-5}{6}$ C) $\dfrac{10}{7}$ D) $\dfrac{3}{7}$
E) $\dfrac{-5}{4}$

5. $\dfrac{a-b}{2a+b} = \dfrac{1}{4} \Rightarrow \dfrac{a+b}{3.a} = ?$

A) $\dfrac{1}{3}$ B) $\dfrac{5}{4}$ C) $\dfrac{7}{4}$ D) $\dfrac{-15}{2}$
E) $\dfrac{7}{15}$

6. $\dfrac{-2\dfrac{1}{3}}{4-\dfrac{2}{3}} : \dfrac{5+\dfrac{1}{2}}{7-\dfrac{1}{3}} = ?$

A) $-\dfrac{19}{3}$ B) $\dfrac{-28}{33}$ C) $\dfrac{5}{8}$ D) $\dfrac{29}{18}$
E) $\dfrac{7}{2}$

7. $\dfrac{0.2}{0.02} + \dfrac{0.3}{0.03} - \dfrac{4}{0.4} = ?$

A) 20 B) 30 C) -10 D) 10
E) 40

8. $2.4.a - 0.6 = 0.8.a + 0.04 \Rightarrow a = ?$

A) 1.2   B) 0.16   C) 0.4   D) 3.2   E) 4.1

9. $\dfrac{0.\overline{4}.a}{0.\overline{3}} - \dfrac{0.6.a}{\dfrac{1}{0.\overline{2}}} = 1 \Rightarrow a = ?$

A) $\dfrac{2}{3}$ B) $\dfrac{4}{9}$ C) $\dfrac{5}{6}$ D) $\dfrac{7}{2}$ E) $\dfrac{8}{3}$

10. $\dfrac{12}{1+\dfrac{12}{1+\dfrac{12}{1+12}}} = ?$

A) 0   B) 2   C) 4   D) 6   E) 12

11. $2 - \dfrac{1}{1+\dfrac{2}{1+\dfrac{1}{a}}} = \dfrac{3}{2} \Rightarrow a = ?$

A) 0   B) 1   C) 2   D) 3   E) 4

12. $\dfrac{0.003}{0.002} - \dfrac{0.05}{0.10} = ?$

A) 1 B) 2 C) -3 D) 4 E) 8

13. $\dfrac{1 + \dfrac{1}{a}}{1 + \dfrac{1}{1 - \dfrac{2}{a+2}}} = ?$

A) 2a B) -2 C) $\dfrac{1}{2}$ D) $\dfrac{18}{4}$ E) $\dfrac{19}{2}$

14. $\dfrac{\dfrac{2}{3}}{4} - \dfrac{2}{\dfrac{3}{4}} = ?$

A) $\dfrac{-12}{7}$ B) $\dfrac{-5}{2}$ C) $\dfrac{8}{3}$ D) $\dfrac{18}{4}$
E) $\dfrac{19}{2}$

15. $\dfrac{\left(1-\frac{1}{3}\right)+\left(1+\frac{2}{4}\right)}{\left(2-\frac{1}{3}\right)+\left(\frac{4}{3}-1\right)} = ?$

A) $\dfrac{13}{24}$ B) $\dfrac{13}{12}$ C) $\dfrac{19}{2}$ D) $\dfrac{16}{3}$

E) $\dfrac{2}{9}$

16. $\dfrac{13-x}{23-x} = \dfrac{1}{2} \Rightarrow x = ?$

A) 1   B) 2   C) 3   D) 4
E) 5

17. $\dfrac{\left(1-\frac{1}{2}\right)\cdot\left(3-\frac{2}{3}\right)}{\left(2+\frac{1}{2}\right)\cdot\left(1-\frac{1}{5}\right)} = ?$

A) 4   B) $\dfrac{3}{2}$ C) $\dfrac{7}{12}$ D) $\dfrac{3}{5}$
E) 8

18. $\dfrac{0.\overline{3}.a}{0.\overline{6}} - \dfrac{0.\overline{6}.a}{0.\overline{3}} = 1 \Rightarrow a = ?$

A) $\dfrac{-13}{2}$ B) $\dfrac{-10}{13}$ C) $\dfrac{9}{2}$ D) $\dfrac{5}{6}$
E) $\dfrac{7}{2}$

19. $\dfrac{2.\overline{2}}{4.\overline{4}} + \dfrac{0.\overline{2}}{0.\overline{4}} = ?$

A) $\dfrac{1}{2}$ B) $\dfrac{1}{4}$ C) $\dfrac{1}{8}$ D) $\dfrac{1}{16}$
E) 1

20. $\dfrac{2.\overline{2} - 1.\overline{2} - 0.4}{1.\overline{4} + 1.\overline{2} - 0.2} = ?$

A) $\dfrac{3}{11}$ B) $\dfrac{9}{37}$ C) $\dfrac{21}{2}$ D) $\dfrac{62}{3}$
E) 12

21. $\dfrac{a^2}{a - \dfrac{1}{1 + \dfrac{2}{2.a}}} = 10 \Rightarrow a = ?$

A) 7 B) 8 C) -4 D) 9
E) 16

22. $\dfrac{1}{2a+\dfrac{1}{3}}=3 \Rightarrow a=?$

A) $\dfrac{1}{2}$ B) $\dfrac{2}{3}$ C) $\dfrac{4}{3}$ D) $\dfrac{5}{2}$

E) $\dfrac{7}{6}$

23. $\dfrac{1}{2}-\left(\dfrac{1}{3}-\dfrac{1}{2}\right)-\left(\dfrac{1}{4}-\dfrac{1}{3}\right)=?$

A) $\dfrac{1}{6}$ B) $\dfrac{3}{4}$ C) 8 D) 0

E) $\dfrac{1}{32}$

(Answers)					
1.D	2.D	3.D	4.C	5.E	6.B
7.D	8.C	9.C	10.C	11.B	12.A
13.C	14.B	15.B	16.C	17.C	18.B
19.E	20.B	21.D	22.C	23.B	

1. $\dfrac{3}{5} + \dfrac{5}{2}\cdot\left[\dfrac{3}{5} - \dfrac{5}{3}:\dfrac{4}{6}\right] = ?$

A) 4
B) $\dfrac{7}{2}$
C) $-\dfrac{9}{5}$
D) $-\dfrac{11}{2}$
E) $-\dfrac{83}{20}$

2. $\dfrac{1}{1-\dfrac{2}{1-\dfrac{2}{3}}} - \dfrac{2-\dfrac{1}{1+\dfrac{2}{1-\dfrac{1}{2}}}}{5} = ?$

A) $-\dfrac{3}{5}$
B) $-\dfrac{7}{5}$
C) $-\dfrac{14}{25}$
D) $\dfrac{7}{25}$
E) $\dfrac{3}{125}$

3. $\dfrac{3}{5} - \dfrac{1}{5}:\left(\dfrac{2}{3} - \dfrac{1}{5} - \dfrac{1}{5}\right) = ?$

A) $\dfrac{1}{2}$
B) $\dfrac{3}{5}$
C) $-\dfrac{3}{20}$
D) $\dfrac{7}{20}$
E) $-\dfrac{1}{20}$

4. $$4 - \cfrac{1}{\cfrac{1 + \cfrac{1}{1 + \cfrac{1}{3}}}{2 + \cfrac{1}{8 + \cfrac{5}{2}}}} = ?$$

A) $\dfrac{9}{11}$ B) $\dfrac{10}{11}$ C) $\dfrac{15}{11}$ D) $\dfrac{17}{11}$
E) $\dfrac{18}{11}$

5. $$\left(1 - \cfrac{1}{1 - \cfrac{2}{3}}\right)^{-1} = ?$$

A) -2 B) $-\dfrac{3}{2}$ C) $-\dfrac{1}{2}$ D) $\dfrac{1}{2}$
E) 2

6. $$\dfrac{\left(3-\dfrac{3}{2}\cdot\dfrac{7}{3}\right):\left(\dfrac{5}{4}-2\right)}{2+\dfrac{1}{1-\dfrac{1}{3}}}=?$$

A) $\dfrac{4}{25}$
B) $\dfrac{4}{21}$
C) $\dfrac{1}{3}$
D) $\dfrac{1}{4}$
E) $\dfrac{4}{27}$

7. $\dfrac{3}{4}-\dfrac{3}{4}\cdot\dfrac{2}{5}:\dfrac{6}{5}+\dfrac{7}{2}=?$

A) 1
B) 2
C) 3
D) 4
E) 5

8. $\dfrac{1-\dfrac{1-\dfrac{1}{3}}{3}}{1-\dfrac{1}{1-\dfrac{1}{3}}}=?$

A) $\dfrac{16}{3}$ B) $-\dfrac{14}{9}$ C) $\dfrac{23}{9}$ D) $\dfrac{31}{9}$

E) $-\dfrac{41}{3}$

9. $\dfrac{\frac{1}{7}}{\frac{3}{3}} : \left[\dfrac{3}{\frac{7}{3}+\frac{7}{3}+\frac{7}{3}}\right] = ?$

A) $\dfrac{1}{3}$ B) $\dfrac{2}{3}$ C) 1   D) 2

E) 3

10. $\left(1-\dfrac{1}{4}\right)\cdot\left(1-\dfrac{1}{5}\right)\cdots\left(1-\dfrac{1}{n}\right) = ?$

A) $\dfrac{3}{n}$ B) $\dfrac{n-1}{n}$ C) $\dfrac{4}{n}$ D) $\dfrac{2}{n}$

E) $\dfrac{3}{2n}$

11. $1 + \dfrac{2}{1-\dfrac{1}{2-\dfrac{2}{3}}} = ?$

45

A)4 B)$\frac{8}{3}$ C)$\frac{11}{6}$ D)7
E)9

12. $\left[5 - \frac{1-\frac{1}{3}}{1+\frac{1}{3}}\right] \cdot \left(2 + \frac{2}{3}\right) = ?$

A)12 B)8 C)$\frac{7}{9}$ D)$\frac{5}{3}$
E)$\frac{5}{6}$

13. $\left[2 - \frac{1}{1-\frac{1}{1-\frac{1}{3}}}\right] \cdot \left[1 + \frac{1}{1+\frac{1}{3}}\right] = ?$

A)-3 B)7 C)6 D)$\frac{1}{3}$
E)9

14. $\frac{1}{3} - \frac{1}{2}\left[2 - \frac{1}{2}\left(1 + \frac{1}{3}\right)\right] + 1 = ?$

A) $\frac{1}{3}$ B) $-\frac{4}{3}$ C) $\frac{1}{6}$ D) $\frac{1}{3}$

E) $\frac{2}{3}$

15. $\left[12 : \frac{2}{1-\frac{2}{3}} - 1\right] : \frac{1}{5} = ?$

A) 5 B) 7 C) $\frac{4}{7}$ D) 1

E) $\frac{11}{8}$

16. $\left(1 - \frac{1}{2}\right) : \left(\frac{\frac{1}{2} - \frac{1}{4}}{1 + \frac{1}{2}}\right) = ?$

A) $\frac{1}{4}$ B) $\frac{2}{3}$ C) 2 D) 3

E) $\frac{1}{6}$

17. $\dfrac{1+\frac{1}{2}}{1-\frac{1}{2}} : \left[1-\dfrac{1}{1-\frac{1}{2}}\right] = ?$

A) -3 B) $\dfrac{1}{2}$ C) 0 D) $\dfrac{3}{2}$
E) -1

18. $\dfrac{1}{1+\dfrac{1}{1-\frac{1}{2}}} = ?$

A) $\dfrac{2}{5}$ B) $\dfrac{1}{4}$ C) $\dfrac{2}{3}$ D) $\dfrac{1}{2}$
E) 1

19. $\dfrac{1}{2-\dfrac{2}{4-\frac{4}{3}}} = ?$

A) $\dfrac{2}{5}$ B) $\dfrac{7}{5}$ C) 3 D) $\dfrac{4}{5}$
E) $\dfrac{3}{8}$

20. $$\dfrac{\left(\dfrac{7}{3}-\dfrac{3}{2}\right)\left(\dfrac{5}{2}-\dfrac{2}{4}\right)}{\left(1+\dfrac{5}{2}\right)-\left(1-\dfrac{3}{4}\right)}=?$$

A) $\dfrac{1}{3}$
B) $\dfrac{31}{18}$
C) $\dfrac{20}{39}$
D) $\dfrac{4}{9}$
E) $\dfrac{10}{47}$

21. $$1+\dfrac{1}{1-\dfrac{1}{1-\dfrac{1}{2}}}=?$$

A) -1
B) 0
C) 1
D) 2
E) 5

22. $$\dfrac{\left(1+\dfrac{1}{2}\right)\left(1+\dfrac{1}{3}\right)\left(1+\dfrac{1}{4}\right)\dots\left(1+\dfrac{1}{a}\right)}{\left(1-\dfrac{1}{2}\right)\left(1-\dfrac{1}{3}\right)\left(1-\dfrac{1}{4}\right)\dots\left(1-\dfrac{1}{a}\right)}=?$$

A) $\dfrac{2}{a}$
B) $\dfrac{a(a+1)}{2}$
C) $\dfrac{a}{2}$
D) a
E) $\dfrac{2}{a(a+1)}$

(Answers)					
1.E	2.C	3.C	4.E	5.C	6.B
7.D	8.B	9.C	10.A	11.E	12.A
13.B	14.E	15.A	16.D	17.A	18.C
19.D	20.C	21.B	22.B		

1. $\dfrac{1}{1-\dfrac{1}{1-\dfrac{1}{2}}} = 2x \Rightarrow x = ?$

A)-1 B)$\frac{1}{2}$ C)$-\frac{1}{2}$ D)1
E)-2

2. $x = \dfrac{2}{1+\dfrac{1}{2-a}} \Rightarrow a = ?$

A) $\dfrac{5x-3}{9-x}$ B) $\dfrac{5x-4}{3x}$ C) $\dfrac{3x-4}{x-2}$ D) 2x

E) $\dfrac{4-5}{2}$

3. $\dfrac{1}{a} - \left(\dfrac{1}{a} - \dfrac{1}{b} + \dfrac{1}{ab}\right) - \left(\dfrac{1}{a} + \dfrac{1}{b}\right) = ?$

A)1 B)a C)b D)$\dfrac{a+b}{b}$

E) $\dfrac{-b-1}{ab}$

4. $\dfrac{1+\dfrac{1}{1+\dfrac{2}{a-2}}}{1-\dfrac{1}{a}} = ?$

A)1 B)0 C)2 D)$\frac{a}{2}$
E)3a

5. $\dfrac{x}{1-\dfrac{1}{x+1}} - \dfrac{1}{1-\dfrac{x}{x+1}} = ?$

A)0 B)1 C)2 D)x E)20

6. $\dfrac{x}{1-\dfrac{1}{x+1}} - \dfrac{x}{1-\dfrac{x}{1+x}} = ?$

A)0 B)$\dfrac{1}{x}$ C)$\dfrac{2}{x}$ D)x E)2x

7. $\dfrac{\dfrac{a}{2}}{a-\dfrac{a+b}{2}} + \dfrac{\dfrac{b}{2}}{b-\dfrac{a+b}{2}} = ?$

A)$\dfrac{a+b}{a-b}$ B)$\dfrac{a-b}{a+b}$ C)a+b D)1
E)a-b

8. $1 - \dfrac{1}{1 - \dfrac{1}{1 - \dfrac{1}{a}}} = ?$

A) 1+a B) 1-a C) -a D) a
E) a-1

9. $\dfrac{1}{\dfrac{2}{1+\dfrac{1}{4}}+1} = ?$

A) $\dfrac{5}{13}$ B) $\dfrac{13}{5}$ C) $\dfrac{5}{14}$ D) $\dfrac{1}{2}$
E) 2

10. $\left(\dfrac{2}{3} \cdot 2 - 1\right) : \dfrac{1}{6} = ?$

A) $\dfrac{1}{3}$ B) 1 C) 2 D) 4
E) 6

11. $1 + \dfrac{1}{1 - \dfrac{1}{1 + \dfrac{1}{2}}} = ?$

A) $\dfrac{1}{2}$ B) 1 C) 2 D) $\dfrac{3}{2}$ E) 4

12. $\dfrac{\dfrac{1}{2} - \dfrac{2}{9}}{1 + \dfrac{2}{3}} + \dfrac{1}{3} = ?$

A) $\dfrac{1}{2}$ B) $\dfrac{1}{3}$ C) 3 D) $\dfrac{2}{3}$ E) 1

13. $\left[\dfrac{2 - \dfrac{1}{3}}{\dfrac{1}{2} + \dfrac{7}{3}} \right] : \dfrac{5}{17} = ?$

A) 1 B) 2 C) 3 D) 4 E) 5

14. $\dfrac{1}{a-1} - \dfrac{1}{1-\dfrac{1}{a}} = ?$

A) -2 B) -1 C) 0 D) 1 E) 2

15. $\dfrac{\left(3-\dfrac{1}{2}\right)+\left(1-\dfrac{1}{2}\right)}{\left(4-\dfrac{1}{4}\right)-\left(\dfrac{3}{4}-1\right)} = ?$

A) 2 B) 1 C) $\dfrac{1}{2}$ D) $\dfrac{1}{4}$ E) $\dfrac{3}{4}$

16. $1 + \dfrac{1}{1+\dfrac{1}{1+\dfrac{1}{3}}} = ?$

A) $\dfrac{7}{4}$ B) $\dfrac{3}{4}$ C) $\dfrac{7}{10}$ D) $\dfrac{7}{17}$ E) $\dfrac{11}{7}$

17. $1+\cfrac{1}{1+\cfrac{1}{1+\cfrac{1}{\frac{1}{2}}}}=?$

A) 9
B) 3
C) $\frac{1}{2}$
D) $\frac{1}{4}$
E) $\frac{1}{8}$

18. $\frac{1}{2}-\left(\frac{1}{2}-\frac{1}{3}\right)-\left(\frac{1}{2}+\frac{1}{3}-\frac{1}{6}\right)=?$

A) $-\frac{1}{3}$
B) $-\frac{2}{3}$
C) $\frac{1}{3}$
D) $\frac{1}{6}$
E) $\frac{2}{3}$

19. $\left(2+\frac{2}{3}\right):\left(\frac{1}{2}-\frac{1}{4}\right)=?$

A) $\frac{32}{3}$
B) $\frac{16}{3}$
C) $\frac{24}{9}$
D) $\frac{16}{9}$
E) $\frac{1}{12}$

20. $\dfrac{1}{a+1} + \dfrac{1}{1+\dfrac{1}{a}} = ?$

A) -2 B) -1 C) 0 D) 1
E) 2

21. $\dfrac{\dfrac{1}{2} - \dfrac{2}{3} : \dfrac{5}{3}}{\dfrac{1}{2} + \dfrac{1}{3} : \dfrac{2}{3}} = ?$

A) $\dfrac{1}{10}$ B) $\dfrac{2}{5}$ C) $\dfrac{1}{3}$ D) $\dfrac{1}{2}$
E) 2

22. $\dfrac{1 - \dfrac{2}{1 + \dfrac{2}{3}}}{2 + 4 : 3} = ?$

A) $-\dfrac{50}{3}$ B) $\dfrac{50}{3}$ C) 0.03 D) -0.06
E) -0.6

23. $$x - \dfrac{2 + \dfrac{1}{2 + \dfrac{1}{x}}}{\dfrac{1}{2x+1}} = ?$$

A) $\dfrac{2(2x-1)}{x+1}$ B) $\dfrac{2x+4}{x-2}$ C) $\dfrac{x+1}{x-1}$ D) $3x-2$ E) $-2(2x+1)$

(Answers)					
1.C	2.C	3.E	4.C	5.A	6.B
7.D	8.D	9.A	10.C	11.E	12.A
13.B	14.B	15.E	16.E	17.A	18.A
19.A	20.D	21.A	22.D	23.E	

1. $5.7\overline{37}$

A) $\dfrac{568}{99}$
B) $\dfrac{737}{990}$
C) $5\dfrac{166}{225}$
D) $\dfrac{568}{990}$
E) $5\dfrac{730}{99}$

2. $0.3\overline{8} : 0.0\overline{38} = ?$

A) $\dfrac{70}{38}$
B) $\dfrac{38}{55}$
C) 1
D) $\dfrac{35}{38}$
E) $\dfrac{77}{76}$

3. $a = 0.1\bar{5}, b = 0.\bar{6} \Rightarrow \dfrac{1}{a} - \dfrac{1}{b} = ?$

A) 5.1 B) 5.2 C) 6.1 D) 6.2
E) 6.3

4. $\dfrac{0.\bar{1}2 + 0.\bar{2}3}{0.\bar{0}3 + 0.\bar{0}4} = \dfrac{a}{b} \Rightarrow a - b = ?$

A) 4b B) 2b C) b D) -b
E) -2b

5. $\left(\dfrac{0.0125}{0.025} - \dfrac{0.064}{0.04} \right) = ?$

A) 5.4 B) -4.5 C) 0.9 D) 0.01
E) -1.1

6. $\dfrac{0.02}{0.22} + \dfrac{0.3}{0.33} + \dfrac{0.4}{0.044} + \dfrac{50}{5.5} = ?$

A) $14\dfrac{2}{11}$ B) $17\dfrac{1}{11}$ C) $19\dfrac{2}{11}$ D) $\dfrac{119}{11}$
E) $20\dfrac{1}{11}$

7. $\dfrac{\dfrac{21.42}{0.21}\dfrac{1}{-0.05} - \dfrac{1}{0.5}} = ?$

A)50   B)60   C)70   E)80
E)90

8. $\left(\dfrac{1}{3} - 0.\overline{19}\right) : \left(\dfrac{0.5}{0.03} - \dfrac{0.6}{0.02}\right) = ?$

A) – 0.01   B)-0.1   C)0.001   D)0.1
E)-0.001

9. a=0.36, b=0.09 $\Rightarrow \dfrac{a+b}{b} = ?$

A)$\dfrac{1}{4}$ B)$\dfrac{1}{5}$ C)4   D)5
E)6

10. $0.\overline{5} - 0.\overline{8} : 2.\overline{9} = ?$

A)$\dfrac{2}{27}$ B)$\dfrac{1}{9}$ C)$\dfrac{4}{27}$ D)$\dfrac{5}{27}$
E)$\dfrac{7}{27}$

11. $\dfrac{15}{0.4} - \dfrac{5}{0.16} + \dfrac{3}{0.48} = ?$

A)7.5   B)10.5   C)12.5   D)15
E)16

12. $\dfrac{a}{b} = 1.2121\ldots \Rightarrow \dfrac{a+b}{b} = ?$

A)$\dfrac{62}{33}$ B)$\dfrac{65}{33}$ C)$\dfrac{70}{33}$ D)$\dfrac{73}{33}$
E)$\dfrac{80}{33}$

13. $\dfrac{0.017}{0.02} + \dfrac{1.2}{0.05} + \dfrac{0.06}{0.4} = ?$

A)25   B)35   C)40   D)44
E)50

14. $\dfrac{1.5}{0.3} + \dfrac{0.39}{0.52} + \dfrac{3.15}{2.52} = ?$

A)0.8   B)0.14   C)7   D)9
E)0.07

15. $0.\overline{6} + 0.\overline{33} = ?$

A)$\dfrac{2}{9}$ B)1   C)2   D)0.6
E)0.12

16. $\dfrac{1}{6}:\left(1-\dfrac{5}{6}\right)+\dfrac{1}{1-0.\overline{3}}=?$

A) $\dfrac{5}{2}$ B) 15 C) 11 D) $\dfrac{9}{2}$

E) $\dfrac{11}{9}$

17. $(0.3\overline{6}-0.1\overline{9})(2+15.\overline{9})=?$

A) $\dfrac{2}{9}$ B) $\dfrac{3}{11}$ C) 3 D) 8.2 E) 5

18. $\dfrac{\left[\dfrac{1}{3}-\left(\dfrac{3}{4}+\dfrac{1}{3}\right)\right]:\dfrac{3}{6}}{1+0.\overline{2}}=?$

A) $-\dfrac{3}{2}$ B) -1 C) 2 D) 4 E) $-\dfrac{18}{11}$

19. $1+\dfrac{0.4}{1-\dfrac{4}{30+\dfrac{6}{0.4}}}=?$

A)$1\dfrac{18}{41}$ B)$2\dfrac{25}{36}$ C)$1\dfrac{11}{61}$ D)$1\dfrac{12}{25}$

E)$\dfrac{21}{25}$

20. $\dfrac{0.005}{0.0015} : \dfrac{0.024}{0.0009} = ?$

A)$\dfrac{1}{8}$ B)$\dfrac{1}{4}$ C)2 D)4 E)8

21. $\dfrac{0.0\overline{5}}{\dfrac{1}{9}} - \dfrac{\dfrac{1}{99}}{0.0\overline{3}} = ?$

A)2 B)3 C)$\dfrac{9}{2}$ D)5 E)$\dfrac{14}{3}$

22. $\dfrac{0.xy + 0.00xy}{0.xy} = ?$

A)1 B)11 C)1.01 D)1.1

E)1.11

(Answers)

1.C	2.E	3.A	4.A	5.E	6.C
7.D	8.A	9.D	10.E	11.C	12.D
13.A	14.C	15.B	16.A	17.C	18.E
19.A	20.A	21.E	22.C		

1. $\dfrac{(0.4)^2 + (0.45) + (0.6)^2}{(0.68)^2 - (0.29)^2} = ?$

A) $\dfrac{24}{60}$ B) $\dfrac{68}{28}$ C) $\dfrac{72}{74}$ D) $\dfrac{120}{25}$ E) $\dfrac{100}{39}$

2. $\left(\dfrac{(0.2)^{-2}(0.03)^{-1}}{(0.015)^{-1}} \right) = ?$

A)12.5 B)15 C)21.5 D)36
E)57

3. $0.\bar{6} - \dfrac{1}{0.\bar{3} + \dfrac{1}{3}} = ?$

A) $\dfrac{1}{3}$ B) $\dfrac{1}{6}$ C)1 D) $-\dfrac{3}{5}$
E) $-\dfrac{5}{6}$

4. $\dfrac{6.\bar{9}}{1 - \dfrac{0.\bar{3}}{1 + \dfrac{1}{2}}} = ?$

A)1 B)2 C)3 D)6
E)9

5. $\left[\left(0.\bar{6} + \dfrac{7}{3}\right) : 0.\bar{9}\right] + 6 = ?$

A)6 B)8 C)9 D)12
E)16

6. $\dfrac{0.2}{0.03} + \dfrac{0.02}{0.3} + \dfrac{0.002}{0.003} = ?$

A)1 B)2 C)$\frac{7}{3}$ D)$\frac{37}{5}$
E)0

7.2. $\bar{3} + \dfrac{4}{1 + \dfrac{1}{0.2}} = ?$

A)1 B)2 C)3 D)4
E)5

8. $\dfrac{32}{11.a} = 1.\overline{45} \Rightarrow a = ?$

A)5 B)4 C)3 D)2 E)1

9. $\left[\dfrac{0.0\bar{6} - 0.\bar{06}}{0.006} \right]^{-1} = ?$

A)$\dfrac{1}{2}$ B)1 C)$\dfrac{1}{4}$ D)3 E)2

10. $0.008 = 0.4 \cdot x \Rightarrow x = ?$

A)0.0002 B)0.002 C)0.0032 D)0.032
E)0.02

11. $x=0.2 \Rightarrow \dfrac{0.012}{0.06} - 0.4 = ?$

A) $x^2 + x$ B) $2x^2$ C) $3x^2$ D) $4x^2$
E) $-x$

12. $\left[\dfrac{0.\overline{3} + 0.\overline{03}}{1 + \dfrac{3}{1 - \dfrac{1}{3}}}\right]^{-1} = ?$

A) $\dfrac{10}{3}$ B) $\dfrac{5}{2}$ C) 6 D) 11
E) 15

13. $\dfrac{0.011}{0.0011} + \dfrac{0.022}{0.0022} + \dfrac{0.033}{0.0033} = ?$

A) 5 B) 8 C) 10 D) 12
E) 20

14. $\dfrac{0.2x + 0.05}{0.05x} = ?$

A) x B) 2x C) 4 D) 5
E) 50

15. $\dfrac{0.\overline{3} + 0.\overline{4}}{0.0\overline{7}} = ?$

A) $\dfrac{1}{10}$ B) 7   C) 10   D) 70   E) 100

16. $\dfrac{1 - 0.\overline{4}}{0.07} = ?$

A) 5   B) 10   C) 15   D) 20
E) 25

17. $\dfrac{(0.\overline{3}x + 0.\overline{2}x)}{0.0\overline{5}x} = ?$

A) x   B) 10x   C) $\dfrac{1}{10}$ D) 10
E) 64

18. $\dfrac{0.4 + 0.04 + 0.004}{0.00001} = ?$

A) 4   B) 40   C) 400   D) 4000
E) 44400

19. $0.\overline{3}x + 0.\overline{2}x + 0.\overline{7}y - 0.\overline{6}y = ?$

A) $x+10y$
B) $\dfrac{x}{2}+10y$
C) $x+\dfrac{1}{10}y$
D) $\dfrac{1}{9}(5x+y)$
E) $\dfrac{1}{10}(x+y)$

20. $a.0.\overline{1}.b = 0.\overline{3}.b \Rightarrow a = ?$

A) $\dfrac{1}{3}$
B) 1
C) 3
D) 5
E) 9

21. $\dfrac{0.1+0.01+0.001+0.0001}{0.4+0.04} = ?$

A) $\dfrac{1}{4}$
B) $\dfrac{101}{400}$
C) $\dfrac{1}{40}$
D) $\dfrac{11}{4}$
E) $\dfrac{11}{40}$

22. $\dfrac{0.22a}{0.11b} = \dfrac{4}{7} \Rightarrow \dfrac{a+b}{b} = ?$

A) $\dfrac{1}{7}$
B) $\dfrac{2}{7}$
C) $\dfrac{4}{7}$
D) $\dfrac{9}{7}$
E) $\dfrac{11}{7}$

23. $\dfrac{0.\bar{1} - 0.\overline{01}}{0.\overline{01}} = ?$

A) $\dfrac{1}{99}$ B) $\dfrac{11}{99}$ C) $\dfrac{1}{10}$ D) 9   E) $\dfrac{99}{10}$

24. $a = 0.2,\ b = 2.\bar{b} \Rightarrow \dfrac{a}{b} = ?$

A) $\dfrac{1}{5}$ B) $\dfrac{2}{5}$ C) $\dfrac{9}{5}$ D) $\dfrac{11}{5}$ E) 3

(Answers)					
1.E	2.A	3.E	4.E	5.C	6.D
7.C	8.D	9.B	10.E	11.E	12.E
13.E	14.D	15.C	16.B	17.D	18.E
19.D	20.C	21.B	22.D	23.E	24.D

www.ingramcontent.com/pod-product-compliance
Lightning Source LLC
Chambersburg PA
CBHW070456220526
45466CB00004B/1853